Krisenvorsorge und Survival für Einsteiger

Das Buch für Prepper

Wie Sie sich gezielt auf den Ernstfall vorbereiten und jede Krise überleben - inkl. Bushcraft Anleitung & Tipps

Jonas Sandersfeld

INHALT

Das erwartet Sie in diesem Buch 1

Bevor es losgeht – Wovon reden wir hier überhaupt? 3

Bushcraft, Survival, Prepper – Was ist das und wo liegen die Unterschiede? 3

Wann brauche ich diese Fähigkeiten? 6

Verloren in der Wildnis: Navigation ohne Kompass 8

Wahrnehmung 8

Himmelsrichtungen bestimmen 11

Zurück zur Zivilisation finden 15

Die Nacht bricht herein: Feuermachen ohne Streichhölzer 18

Wie macht man ein Feuer? 18

Mit einer Batterie 23

Mit einer Lupe 25

Mit Feuerstein 27

Feuerbohren 29

Der Hunger ruft: Kochen ohne feuerfestes Geschirr 34

Backen mit Lehm 34

Kochen mit heißen Steinen 36

Erschöpfung macht sich breit: Übernachten ohne Zelt und Schlafsack 38

Geeigneten Lager- /Rastplatz finden 38

Laubhütte bauen 42

Schnüre aus Pflanzenfasern 44

Alle Reserven aufgebraucht: Wasser finden und reinigen 46

Wo und wie finde ich Wasser? 46

Wie baue ich einen Filter? 53

Den Abhang übersehen: Erste Hilfe mit Naturmaterialien 55

Die STOP-Regel 55

Pflanzen und Hausmittel als Helfer in der Not..57

Das alpine Notsignal 62

Heile zu Hause angekommen: Siebzehn abschließende Tipps 64

Das erwartet Sie in diesem Buch

Allein in der Wildnis und Sie kennen den Rückweg nicht? Sie laufen immer weiter und verirren sich bloß immer mehr? Sie haben seit einer gefühlten Ewigkeit keine anderen Menschen gesehen und auch kein Zeichen von Zivilisation? Sie haben nicht genug Wasser eingepackt, um längere Zeit davon leben zu können?

Für viele Menschen ein Horrorszenario. Fernab jeglichen Komforts, völlig auf sich gestellt, wirkt die Welt auf uns oft komplett anders, als wir es gewohnt sind. Ohne die Hilfe von GPS,

Kompass und Karte scheinen alle Richtungen gleich auszusehen. Doch das muss nicht so sein. Mit den richtigen Techniken und Methoden können Sie lernen, sich auch abseits der Wege zurechtzufinden.

Oft ist es gar nicht so schwer, zurück in die Zivilisation zu finden, an Wasser zu kommen und selbst in kritischen Situationen nicht den Kopf zu verlieren – wenn man weiß, wie es geht. Am besten ist es natürlich, man hat alles vorher schon einmal getestet. Denn je sicherer Sie sich fühlen, umso besser wird Ihnen im Ernstfall gelingen, was vorher noch Spaß war. Also schnappen Sie sich dieses Buch, gehen Sie nach draußen in die Natur und probieren Sie es einfach mal aus.

Aber Achtung! Möglicherweise möchten Sie danach gar nicht wieder zurück in die Zivilisation!

Bevor es losgeht – Wovon reden wir hier überhaupt?

BUSHCRAFT, SURVIVAL, PREPPER – WAS IST DAS UND WO LIEGEN DIE UNTERSCHIEDE?

Prepper – sind das nicht diese Übervorsichtigen, die Vorräte hamstern und in Bunkern leben? Survival, Überlebenskunst, mitten in unserer zivilisierten Zeit? Und Bushcraft, das klingt nach Urvölkern, die noch in Höhlen leben.

Ganz so ist es nicht, aber wie so oft verbirgt sich hinter diesen Vorstellungen ein wahrer Kern. Der Begriff **Bushcraft** stammt aus dem Amerikanischen. *Bush* steht hierbei für die Wildnis, die Natur, die ursprüngliche Heimat aller Menschen. *Craft* bezeichnet das Handwerkliche, das Bauen und Basteln, Erfinden und Nutzen von Dingen, die die Umwelt uns zur Verfügung stellt. Tatsächlich wandelt Bushcraft auf den Pfaden unserer Vorfahren und nutzt Wissen, das schon den Naturvölkern das Überleben in der Wildnis gesichert hat. Heute ist es ein Hobby, das viele Menschen **freiwillig** betreiben, damals war es einfach das normale Leben. Beim Bushcraft wird auf eine ausgewogene Beziehung zwischen Mensch und Natur hingearbeitet. Die Menschen, die diesem Hobby nachgehen, achten also auf eine nachhaltige Art und Weise, getreu dem Motto: „Hinterlasse nichts als deine Fußspuren."

Sie wollen die Einfachheit der Natur spüren, dem Trubel der Stadt entgehen und schlicht und ergreifend zu sich und ihren Ursprüngen zurückfinden. Sie wollen Abenteuer erleben, die sich nicht zu einhundert Prozent planen lassen, sie wollen dem Konsum entgehen und

Nahrungsmittel, Wasser und eine warme Schlafstätte nicht als selbstverständlich gegeben betrachten.

Der Begriff **Survival** unterscheidet sich von Bushcraft insofern, als hier von einer **lebensgefährlichen Situation** ausgegangen wird. Der Mensch gerät in eine Notlage, aus der er Wege sucht, um ihr zu entkommen. Beim Survival wird von einem begrenzten Zeitraum von ein paar wenigen Tagen ausgegangen, in denen das reine Überleben im Vordergrund steht. Nachhaltigkeit spielt hier also eine untergeordnete Rolle.

Prepper dagegen gehen von einer **akuten Krisensituation** aus, die sich über einen längeren Zeitraum hinzieht und möglicherweise nicht so schnell überwunden ist, wie etwa der Zusammenbruch der landesweiten und vielleicht sogar internationalen Lebensmittelversorgung, Kriegszustände, flächendeckende Stromausfälle, Wirtschaftskrisen und/oder Naturkatastrophen. Sie suchen Wege des langfristigen Überlebens, trotz eines zusammenbrechenden Systems.

Wir stellen in diesem Buch Tipps und handwerkliche Methoden vor, die sich gut im Bushcraften üben und ausprobieren lassen, aber auch im

Ernstfall durchaus nützlich sein und vielleicht sogar einmal Ihr Leben retten können. Dabei gehen wir von einem zeitlich begrenzten Rahmen aus, wie etwa dem Verirren in der Natur oder dem kurzfristigen Überleben in der Wildnis. Einen Zeitraum, den es zu überbrücken gilt, um dann wieder wohlig und warm in seinem eigenen Zuhause zu sitzen.

WANN BRAUCHE ICH DIESE FÄHIGKEITEN?

In einer Welt der Straßen und Autos, von Google Maps und gut ausgestatteten Supermärkten scheint es übertrieben, sich mit Überlebenstricks und Wildniskunde zu befassen. Wozu eine Quelle suchen, wenn ich einfach den Wasserhahn aufdrehen kann? Wozu nach den Sternen Ausschau halten, wenn ich einfach per GPS meinen Standort bestimmen kann? Warum ist es überhaupt wichtig zu wissen, wo Norden, Süden, Osten und Westen ist?

Nicht immer finden wir eine solch gute Infrastruktur vor, wie wir es gewohnt sind. Oft reicht es schon, sich einige Kilometer von den belebten

Städten zu entfernen, und wir haben keinen Handyempfang mehr. Vielleicht haben wir uns auch schon so sehr verirrt, dass der Akku inzwischen erschöpft ist. Vielleicht habe ich den Weg zur Straße nicht zurückgefunden und kann nun nicht einfach den Beschilderungen bis zum nächsten Ort folgen. Vielleicht bin ich auch in einem Land, in dem generell nicht viele Menschen leben und die Natur noch rau und ursprünglich ist. In einem solchen Fall ist es hilfreich, sich auch ohne die Hilfsmittel unserer modernen Welt zurechtfinden und überleben zu können. Ein paar wertvolle Tricks zeigen wir Ihnen in den folgenden Kapiteln.

JONAS SANDERSFELD

Verloren in der Wildnis: Navigation ohne Kompass

WAHRNEHMUNG

Schneller als gedacht ist es passiert. Plötzlich hat man die Orientierung verloren. Dabei schien der Weg doch so eindeutig. Eine Weile durchs Unterholz marschiert und schon sehen plötzlich alle Bäume gleich aus. Überall nur grün, wohin Sie auch blicken. Was nun? Wohin sollen Sie sich wenden?

Zuallererst ist es jetzt wichtig, nicht in Panik zu verfallen, denn das hilft niemandem weiter. Laufen Sie niemals einfach ziellos drauf los! Atmen Sie erst einmal ruhig, setzen Sie sich hin und konzentrieren Sie sich auf Ihre Umgebung. Vertrauen Sie auf Ihre Sinne! Was sehen Sie? Markante Bäume? Einen seltsam geformten Felsen? Einen abgeknickten Ast? Was hören Sie? Das Plätschern eines Baches? Das Rauschen einer nahen Autobahn? Einen Wasserfall? Wie fühlt sich der Boden unter Ihren Schuhen an? Ist er sandig? Trocken? Hart und steinig? Oder sinken Ihre Füße ein?

Um auf eine solche Situation vorbereitet zu sein, ist es sinnvoll, auch im Alltag bereits die Sinne zu schärfen. Achten Sie in der U-Bahn, auf dem Weg zur Arbeit, beim Einkaufen einfach mal auf die Details. Was sehen Sie, was Ihnen bisher nie aufgefallen ist? Welche Gerüche nehmen Sie wahr? Sie werden merken, dass Sie bald sehr viel aufmerksamer durchs Leben gehen.

Aber zurück zu unserer Wald-Situation: Merken Sie sich solche prägnanten Merkmale der Umgebung, sogenannte Landmarks! Sie helfen Ihnen, den Weg zu dem Punkt zurückzufinden, an dem Sie sich jetzt befinden, schaffen Ihnen einen

Überblick über die Umgebung und lassen Sie die Orientierung behalten.

Sehen Sie sich auch nach markanten Punkten um, die Sie über einen längeren Zeitraum im Blick behalten können, wie hohe Gipfel oder Felsnadeln. Manchmal lohnt es sich, eine Erhöhung wie etwa einen Hügel aufzusuchen, um nach solchen Punkten Ausschau zu halten. Wenn Sie nun loslaufen, werden Sie Ihre anfänglichen Landmarks schnell aus dem Blick verlieren. Deshalb suchen Sie sich entlang Ihres Weges immer wieder neue Orientierungspunkte. Werfen Sie auch immer mal wieder einen Blick zurück. Diese Methode wird es Ihnen erleichtern, nicht den Überblick über die Umgebung zu verlieren, und gibt Ihnen die Möglichkeit, jederzeit zu einem Fixpunkt zurückkehren zu können.

Um sich Landmarks zu merken, gibt es übrigens eine Methode der Aborigines, die bis heute von Bushcraftern genutzt wird. Denken Sie sich einfach einen Song oder eine Geschichte aus, die all Ihre Landmarks in einen Zusammenhang setzt. Jedes Mal, wenn ein neuer Orientierungspunkt hinzukommt, flechten Sie ihn in die Geschichte ein. Dies hilft Ihnen dabei, die Landmarks nicht zu vergessen. Gibt es keine wirklich markanten Punkte oder fällt es Ihnen schwer, sie sich zu merken, empfiehlt es sich, zusätzlich Markierungen zu hinterlassen, die Sie einwandfrei wiedererkennen werden. Sie können beispielsweise Steine aufeinander schichten, Äste zu einem Haufen stapeln oder Symbole in den Boden ritzen.

Je eindeutiger die Markierung, umso besser. Sie hilft Ihnen im Zweifelsfall, auch bei Nebel die Orientierung zu behalten. All diese kleinen Tricks werden Ihnen noch nicht dabei helfen, den richtigen Weg aus dem Wald heraus zu finden, sie zeigen Ihnen aber möglicherweise an, wenn Sie im Kreis laufen, oder helfen Ihnen dabei, Stellen, die bedeutsam sind, wie etwa Quellen oder einen bestimmten Startpunkt, wiederzufinden. Wenn Sie in Ihren Taschen einen Zettel finden, können Sie sich auch eine provisorische Karte der Umgebung und der bisher genommenen Wege aufzeichnen.

HIMMELSRICHTUNGEN BESTIMMEN

All die bisher genannten Punkte bringen uns jedoch noch nicht wirklich näher an unser Ziel, sie helfen uns nur, einen Weg *zurückzufinden*. Wie entkommen wir nun also der Wildnis und finden zurück auf unseren ursprünglichen Pfad? Manchmal kann es nun helfen, die Lage der Himmelsrichtungen zu kennen. Auch ohne Kompass gibt es diverse Möglichkeiten, diese zu bestimmen. Eine davon ist die Sonne. Wir wissen, dass sie im Osten auf- und im Westen untergeht. Kennen wir nun die Uhrzeit, gibt uns das schon einmal einen wertvollen Hinweis.

Haben wir eine Uhr mit Zeigern dabei – ja, es scheint altmodisch, aber solche Uhren existieren noch – ist dies in unserem Fall sogar noch besser. Die können wir nämlich in Kombination mit der Sonne ebenfalls wunderbar zur Bestimmung der Himmelsrichtung nutzen. Richten Sie einfach den Stundenzeiger auf die Sonne. Halbieren Sie den Winkel zwischen dem Stundenzeiger und der Zwölf. Diese gedachte Linie zeigt nun genau nach Süden.

Ist es nun jedoch Nacht und es steht keine Sonne am Himmel, können wir stattdessen die Sterne zur Hilfe nehmen. Das Sternbild des Großen Wagens werden Sie vermutlich kennen. Sein Vorteil ist es, dass es fast immer am Himmel zu sehen ist. Suchen Sie gezielt danach. Haben Sie es gefunden, nehmen Sie die hintere Wagenwand und verlängern Sie sie fünfmal. Diese gedachte Linie zeigt nun direkt auf den Nordstern. Wie der Name schon sagt, steht er immer im Norden.

Doch nicht nur der Himmel, auch die Tier- und Pflanzenwelt kann uns bei der Bestimmung der Himmelsrichtungen behilflich sein. Ameisen beispielsweise haben ein natürliches Gespür dafür, wo Süden liegt. Sie sind in ihrem Bau auf die Wärme der Sonne angewiesen und richten ihn deshalb tendenziell nach Süden aus.

Auch Bäume zieht es nach Süden. Finden Sie einen gefällten Baumstumpf, können Sie manchmal an den Jahresringen sehen, dass ihr Mittelpunkt stark in eine bestimmte Richtung neigt. Diese Richtung ist meistens Süden.

Der folgende Tipp hilft Ihnen nur, wenn Sie nicht direkt im Wald stehen, sondern auf einer Fläche, auf der Sie alleinstehende Bäume sehen können. Oftmals sind bei ihnen die Äste und Zweige auf einer Seite besonders dicht und ausladend. Sie können davon ausgehen, dass dies die Seite ist, die besonders viel Licht abbekommt, im Allgemeinen ist dort Süden.

Auch unser Wissen über das Wetter können wir uns für die Orientierung zunutze machen. In unseren Breitengraden und vor allem in Europa kommen Wind und Regen meistens aus einer westlichen Richtung. Sehen wir Moos an Baumstämmen, können wir davon ausgehen, dass das Moos auf der Seite wächst, auf der es am ehesten Feuchtigkeit erhält, also auf der Seite, die nach Westen weist. Gleichzeitig ist der Baum selbst oft nach Osten geneigt, vor allem dann, wenn er Wind und Wetter größtenteils schutzlos ausgeliefert ist. Die Böen zerren ihn wieder und wieder in diese Richtung und lassen ihn schließlich krumm werden.

Haben Sie eine Nadel oder eine Büroklammer und einen Magneten zur Hand, können Sie mit einfachen Mitteln sogar selbst einen Kompass bauen. Reiben Sie dafür mit dem Magneten mehrmals über die Nadel. Dabei sollten Sie immer die gleiche Richtung beibehalten. Somit laden Sie die Nadel magnetisch auf. Legen Sie sie nun in eine Flüssigkeit. Eine der beiden Enden wird nach Norden zeigen. Nehmen Sie eine der anderen Methoden zu Hilfe, um zu bestimmen, um welche Seite es sich handelt.

> **ACHTUNG!**
> Wichtig ist es, an dieser Stelle zu erwähnen, dass Sie sich niemals auf eine Methode allein verlassen sollten!
>
> Kombinieren Sie immer mehrere Möglichkeiten, denn keine der genannten Methoden ist hundertprozentig fehlerfrei. Nur so können Sie sich sicher sein.

ZURÜCK ZUR ZIVILISATION FINDEN

Die Himmelsrichtung zu kennen, ist ein guter erster Schritt, jedoch oftmals nicht die alleinige Lösung. Was nützt es zu wissen, in welche Richtung man geht, wenn plötzlich ein breiter Fluss oder ein Abhang den Weg versperrt? Was bringt die richtige Richtung, wenn man sich mühsam durchs Unterholz schlagen muss, während eine Straße oder ein Weg so viel angenehmer wäre? Doch wie finden wir zurück auf diesen Weg, zurück auf menschlich geschaffene Pfade?

Grundsätzlich und vor allem dann, wenn Sie absolut nicht wissen, welche Richtung nun die sinnvollste wäre, können Sie sich eine wichtige Regel merken: GEHEN SIE IMMER BERGAB!

In den allermeisten Fällen steigt die Wahrscheinlichkeit, auf menschliches Leben zu treffen, je weiter abwärts Sie kommen, und wird umso unwahrscheinlicher, wenn Sie bergauf gehen.

Eine zweite wichtige Regel lautet: Finden Sie ein fließendes Gewässer, etwa einen Bach oder auch nur ein Rinnsal! FOLGEN SIE DER FLIEß-RICHTUNG DES WASSERS!

Wasser fließt immer ins Tal. Ein Rinnsal wird irgendwann zu einem Bach, ein Bach zu einem Fluss. Ein Fluss führt zu Menschen und in die Zivilisation, denn die Menschen haben ihre Städte schon immer in der Nähe des Wassers gebaut. Auch ein trockenes Flussbett hat einmal Wasser geführt und wird Sie sicher ins Tal leiten.

Eine weitere gute Möglichkeit: FOLGEN SIE WILDSPUREN!

Viele Wildtiere nutzen auf ihren Streifzügen durch den Wald immer die gleichen Wege und hinterlassen so Trampelpfade, auf denen auch Sie sich besser bewegen können als im dichten Gestrüpp. In den meisten Fällen führen diese

Wildpfade zu Wasserstellen oder Äckern, die Ihnen wiederum den Weg in die Zivilisation zeigen.

Währenddessen sollten Sie auch unterwegs immer wieder nach Zeichen der Zivilisation Ausschau halten, wie etwa Rauch, Hundegebell, Motorengeräusche, Müll, Fußabdrücke oder Strommasten. Gerade letztere führen Sie ebenfalls wieder in die Zivilisation.

JONAS SANDERSFELD

Die Nacht bricht herein: Feuermachen ohne Streichhölzer

WIE MACHT MAN EIN FEUER?

Sind Sie so spät unterwegs, dass es dunkel wird, bevor Sie zurückfinden, sollten Sie nicht versuchen, weiterzulaufen. In der Wildnis gibt es keine Straßenlaternen, keine erleuchteten Fenster und keine sonstigen Lichter, die einem den Weg weisen können. Sind Sie außerdem im Wald, verhindern die Baumkronen oft, dass das Licht der Sterne oder des Mondes bis auf den Boden fällt. Und selbst mit einer Taschenlampe sieht die Umgebung plötzlich völlig anders aus, Schatten werden zu meterhohen Bäumen und Abhänge oder Felsspalten gern einmal übersehen. Auch tief hängende Äste sind eine Gefahr, vor allem dann, wenn sie auf Augenhöhe hängen. Das Verletzungsrisiko, aber auch das Risiko, sich noch weiter zu verlaufen, steigen in der Nacht erheblich. Sie sollten also zusehen, einen geeigneten Platz für die Nacht zu finden.

Je nach Jahreszeit kann das Übernachten in der Natur, vor allem dann, wenn man nicht darauf vorbereitet war, jedoch sehr kalt werden. Auch in warmen Gegenden kühlt die Luft in der Nacht oft rapide ab. In einer solchen Situation kann es manchmal ratsam sein, ein Feuer zu entfachen, um sich und andere warmzuhalten. Eines sollten Sie sich merken: Wärme kann Ihr Leben retten! Die Kälte wird oft unterschätzt, birgt jedoch ein nicht zu vernachlässigendes Risiko. Außerdem können Sie an einem Feuer eventuell nass gewordene Kleidung und Schuhe trocknen und es spendet Ihnen Licht, wenn Sie keine Lampe oder Ähnliches dabei haben.

Haben Sie die Möglichkeit, sollten Sie auch, ohne dass Sie sich in einer Notlage befinden, bei Gelegenheit an einem geschützten Ort das Feuermachen üben. Feuer ist oftmals eine Sache der Übung und auch der Erfahrung. Haben Sie sich erst einmal in der Wildnis verirrt, werden Sie froh über diese Fähigkeiten sein, die Sie sich bereits im Vorfeld angeeignet haben.

Aber wie entfache ich ein Feuer, wenn ich nicht damit gerechnet habe, dass ich eines brauchen werde und weder Streichhölzer noch Feuerzeuge bei mir habe?

<u>Zunächst einmal ist es wichtig, einige Sicherheitshinweise zu beachten:</u>
• Egal, wie kalt Ihnen ist, entzünden Sie niemals ein Feuer bei starkem Wind oder einer erhöhten Waldbrandstufe. Suchen Sie sich im Zweifelsfall eine windgeschützte Stelle!
• Machen Sie kein Feuer unter herabhängenden Ästen oder in der Nähe abgestorbener Bäume!
• Suchen Sie sich eine Kuhle oder heben Sie eine Grube aus und legen Sie dicke Steine drumherum!
• Stellen Sie für den Notfall Wasser zum Löschen griffbereit an die Seite.

> • Entfernen Sie trockenes Gras und alles Brennbare aus der Reichweite des Feuers.
> • Nutzen Sie nur Holz als Brennmaterial!
> • Lassen Sie das Feuer nicht unbeaufsichtigt!

Bevor Sie nun beginnen, ist es wichtig zu verstehen, was man ganz generell benötigt, um ein Feuer zu entfachen. Eine gute Vorbereitung ist hier nämlich alles und wird Ihnen im Zweifelsfall viel Zeit und Nerven ersparen.

Sammeln Sie zunächst Ihr Material! Drei Dinge werden Sie in jedem Fall benötigen – ganz egal, auf welche Art und Weise Sie schließlich Ihr Feuer entzünden werden – und das sind Zunder, Anzündholz und richtiges Brennholz.

Kommen wir zuerst zum Zunder. Als Zunder bezeichnen wir feines, staubtrockenes Material, das sich schon durch winzige Funken entzünden kann. Ursprünglich ist das Wort abgeleitet von dem sogenannten Zunderschwamm, einem Pilz, der an den Stämmen von Laubbäumen wächst und sich hervorragend als Startermaterial für ein gutes Feuer verwenden lässt. Andere Beispiele für guten Zunder, die Sie in der Natur finden können, sind Birkenrinde, Pflanzenfasern, wie

Brennnesselfasern oder Hanffasern, trockenes zerriebenes Laub, Flechten, Heu, Gras, Rohrkolben (Achtung, manche Rohrkolbenarten stehen unter Naturschutz), Flugsamen von Disteln und Löwenzahn oder mehlige Fasern zerfallenden Holzes.

Hat es die vergangenen Tage sehr viel geregnet, kann es manchmal schwierig sein, trockenen Zunder zu finden. Brechen Sie in diesem Fall tote Äste eines abgestorbenen Baumes ab und spalten Sie sie in der Mitte. Das Innere dieser Äste und auch von Stämmen ist auch bei Regen oftmals trocken. Aber auch Gegenstände, die Sie möglicherweise in Ihrem Gepäck mitführen, eignen sich manchmal gut als Zunder, zum Beispiel Tampons, Toilettenpapier oder Wattepads. Geheimtipp: Kartoffelchips sind ebenfalls super Feuerstarter. Fett und Stärke sorgen auch bei feuchtem Wetter dafür, dass das Feuer schnell in Gang kommt.

Aus diesen Materialien bauen Sie nun ein Zundernest. Dieses Zundernest ist dazu gedacht, später den Funken aufzunehmen. Anschließend sammeln Sie winzig dünne und trockene Äste. Sie sollten nicht dicker als ein Bleistift sein und werden Ihnen später als Anzündhölzer dienen. Und natürlich das Allerwichtigste: Ihr Brennholz.

Legen Sie dafür einen Vorrat aus trockenen Ästen unterschiedlicher Dicke an. Sammeln Sie nach Möglichkeit kein Holz vom Boden, denn gerade Äste, die schon länger hier liegen, haben oft sehr viel Feuchtigkeit in sich, sondern schauen Sie sich lieber nach abgestorbenen Ästen um, die noch an den Bäumen hängen.

Nun haben Sie all Ihr Handwerkszeug, um mit dem Feuermachen zu beginnen. Fehlt nur noch – der Funke.

MIT EINER BATTERIE

Das Prinzip beim Feuermachen ist immer dasselbe: Sie wollen einen Funken erzeugen, Sie wollen den Funken fangen und Sie wollen den Funken in eine Flamme verwandeln.

Um einen Funken zu erzeugen, gibt es ganz unterschiedliche Methoden. Da Sie unvorbereitet in Ihre missliche Lage geraten sind, haben Sie natürlich weder Feuerzeug noch Streichhölzer, aber auch keinen Magnesiumblock oder Feuerstahl dabei. Was Sie aber möglicherweise in Ihrem Wandergepäck bei sich haben, ist eine Batterie. Auch ein Handyakku funktioniert. Außerdem benötigen

Sie für diese Methode ein Stück Alufolie, möglicherweise von Ihrer Pausenmahlzeit, aus einer Zigarettenschachtel oder von der Verpackung eines Kaugummis. Sie benötigen eine Größe, die etwas länger ist als der Abstand zwischen den beiden Polen Ihrer Batterie. Rollen Sie die Alufolien nun ein und drücken Sie sie dabei in der Mitte so zusammen, dass diese Stelle etwas enger ist, als der Rest.

Sie können die Folie an dieser Stelle auch einschneiden. Wichtig ist, dass es eine verengte Stelle gibt, an der der Strom sich verdichten kann. Wickeln Sie nun Ihren Zunder – am besten funktioniert hier ein Wattepad, das Sie auseinandergerupft haben, damit es schön luftig ist – um die Alufolie. Benutzen Sie eine Kaugummiverpackung, die außen von Papier umhüllt ist – umso besser. Das Papier können Sie direkt als Zunder dran lassen. Verbinden Sie nun den Plus- und den Minuspol Ihrer Batterie mit der Alufolie. Es ist wichtig, dass es wirklich die Alufolie ist, die die Pole berührt, nicht der Zunder.

Achtung! Es entsteht ein Kurzschluss. Dadurch wird die Alufolie extrem schnell extrem heiß! Ihr Zunder beginnt an der Stelle, an der die Alufolie enger ist, zu glühen. Nun heißt es, schnell zu sein: Halten Sie die Glut an Ihr Zundernest und pusten Sie etwas Luft hinein, bis eine kleine Flamme entsteht.

MIT EINER LUPE

Zugegeben, diese Methode funktioniert nur, wenn noch genug Sonnenlicht vorhanden ist. Sie sollten sich also schon früh darüber im Klaren sein, dass Sie die Nacht im Wald verbringen werden und ein Feuer benötigen.

Dazu kommt, dass es kein bewölkter Tag sein darf. Es muss sich jedoch auch nicht um die pralle Mittagssonne handeln. Auch am späten Nachmittag und wenn die Sonne schon dicht über dem Horizont steht, lässt sich diese Methode anwenden.

Vermutlich haben Sie schon davon gehört: Glas soll man nicht im Wald liegen lassen, da es Waldbrände verursachen kann. Und das geschieht gar nicht mal so selten. Das Prinzip dahinter ist denkbar einfach. Das Glas oder auch zum Beispiel die Linse einer Lupe bündelt dabei das Licht an einem ganz bestimmten Punkt, der dadurch sehr, sehr heiß wird und schließlich zu brennen beginnt.

Suchen Sie sich zunächst einen Punkt, der einen klaren Blick auf die Sonne ermöglicht. Der Himmel sollte durch kein Hindernis wie etwa herabhängende Äste verdeckt werden. Halten Sie nun die Linse senkrecht zur Sonne. Versuchen Sie, die Strahlen in einem 90-Grad-Winkel einzufangen.

Nutzen Sie möglichst dunklen Zunder, denn dunkle Farben heizen sich schneller auf. Färben Sie Ihren Zunder notfalls mit Schmutz und Dreck. Achten Sie jedoch darauf, dass es trockene Erde ist!

Nun ist es wichtig, den richtigen Punkt zu treffen. Verschieben Sie das Glas nach vorn und hinten – immer im richtigen Winkel zur Sonne – um zu sehen, wo das Licht sich trifft. Mit etwas Geduld und Geschicklichkeit entsteht hier eine Flamme.

Eine Lupe haben Sie im Wald vermutlich eher selten dabei. Diese Methode funktioniert jedoch auch wunderbar mit Ihrer Brille. Je stärker die Gläser sind, umso besser. Auch Glasscherben oder -flaschen, die Sie im Wald finden, eignen sich. Eine Alternative ist Wasser. Nehmen Sie einfach Ihre mit Wasser gefüllte Plastiktrinkflasche und setzen Sie sie ein wie eine Lupe. Anstelle der

Flasche können Sie auch ein Stück Frischhaltefolie verwenden. Formen Sie hieraus einen Beutel und füllen Sie auch hier Wasser hinein. Eine weitere Möglichkeit – und etwas, das Sie vielleicht auch im Wald finden werden, wenn Sie es nicht dabei haben – sind Getränkedosen. Sie verfügen über eine Rundung im Boden, die ebenfalls das Licht bündelt.

Polieren Sie sie am besten vorher gründlich. Zum Polieren können Sie zum Beispiel Schokolade oder Zahnpasta verwenden. Natürlich erzeugen Sie hiermit nicht denselben Effekt wie mit einer Polierpaste, höchstwahrscheinlich haben Sie beides im Wald aber eher zur Hand und sie erfüllen auf jeden Fall ihren Zweck.

Auch diese Methode ist eine, die Sie gut zu Hause üben können.

MIT FEUERSTEIN

Jeder hat sie schon einmal gesehen und von ihnen gehört: Feuersteine, auch Flint genannt. Dunkelgrau bis schwarz, manchmal mit einer weißen Kruste und oftmals mit scharfkantigen Bruchstellen findet man sie an Küsten oder in bergigen

Gegenden mit hohem Vorkommen an Kreidefelsen. Aber halten diese Steine, was ihr Name verspricht, und kann man ihnen tatsächlich ein Feuer entfachen? Jein. Schlagen Sie zwei solcher Steine aneinander, erzeugen Sie zwar einen Funken, er ist jedoch längst nicht heiß genug, um damit Ihren Zunder zum Brennen zu bringen. Um ein Feuer in Gang zu bekommen, benötigen Sie zusätzlich eine zweite Komponente. Am besten funktioniert es mit Pyrit, dem sogenannten Narrengold, das jedoch sehr selten in der Natur zu finden ist. Aus Feuerstein und Pyrit wurden vor langer Zeit die ersten Feuerzeuge hergestellt.

Genauso gut können Sie aber auch Stahl verwenden. In diesem Fall sollte es ein Stahl mit hohem Kohlenstoffanteil sein. Das ist oft der Fall bei Werkzeugen wie Feilen oder Messerklingen. Eventuell haben Sie in Ihrer Outdoorausrüstung ja ein Messer bei sich. Achten Sie darauf, dass es nicht die Aufschrift „rostfrei" trägt. In diesem Fall ist der Kohlenstoffanteil höchstwahrscheinlich zu gering. Schlagen Sie Feuerstein und Stahl gegeneinander. Nun entstehen Funken, die heiß genug sind, um mit ihnen ein Feuer zu entfachen.

FEUERBOHREN

Die vermutlich bekannteste Methode, Feuer ohne Hilfsmittel zu erzeugen, ist das Aneinanderreiben zweier Hölzer, wie man es aus Filmen über die Steinzeit kennt. Diese Methode erfordert jedoch sehr viel Geschick und noch sehr viel mehr Geduld. Etwas leichter geht es, wenn Sie sich zuerst einen Feuerbohrer bauen.

Feuer… was? Nie gehört. Ein Feuerbohrer erlaubt es Ihnen, zwei Hölzer deutlich effektiver und mit weniger Kraftaufwand aneinander zu reiben. Er besteht aus …

1. Einer **Spindel**. Sie sollte etwas dicker als ein Finger sein, also etwa 2 cm breit und ungefähr 20 cm lang. Suchen Sie sich hierfür einen geeigneten Ast und spitzen Sie ihn an einer Seite an, während Sie die andere abrunden.

2. Einem **Bogen**, in den Sie die Spindel einspannen können. Suchen Sie sich hierfür einen Ast, der bereits ein wenig gebogen, aber stabil ist, sich also nicht weiter biegt, wenn Sie etwas Druck ausüben. Er sollte etwa armlang, also 50–60 cm lang sein. Schnitzen Sie nun mit Ihrem Messer eine Kerbe in beide Enden.

3. Einer **Sehne**. Hierfür können Sie eine kräftige Schnur verwenden, von etwa 80 cm Länge, die Sie in den Kerben Ihres Bogens befestigen. Anfangs noch nicht zu fest, das können Sie später nachspannen.

4. Einem **Bohrbrett**, das etwa 25 cm lang ist, aus einem weichen Holz, über das Sie die Spindel reiben werden. Das richtige Holz ist an dieser Stelle sehr wichtig. Weiche Hölzer sind zum Beispiel Pappel, Weide oder Zeder. Auch hierfür können Sie einen Ast verwenden. Nehmen Sie aber keinen vom Boden, sondern einen abgestorbenen Ast direkt vom Baum. Um herauszufinden, ob Ihr ausgewähltes Holz geeignet ist, machen Sie den Test mit dem Daumen. Versuchen Sie, mit Ihrem Nagel eine Kerbe in das Holz zu ritzen. Gelingt es Ihnen nicht, ist das Holz zu hart. Bricht das Holz ein, ist der Ast zu morsch. Nun müssen Sie aus diesem Ast ein Brett fertigen. Spalten Sie ihn deshalb der Länge nach auf. Haben Sie keine Axt bei sich, können Sie hier die sogenannte Technik des Batonen anwenden.

Batoning bedeutet, dass Sie ein Holz mithilfe eines Messers mit feststehender Klinge und einem Stück Holz, das Sie als Schlagholz verwenden, spalten.

Durch das Schlagen auf die Klinge treiben Sie so das Messer durch das Holz. Bearbeiten Sie den Ast nun so lange, bis Ihr Brett nicht dicker als 2 cm ist. Bohren Sie dann mit dem Messer ein kleines Loch in die Oberfläche, etwa 2 cm vom Rand entfernt. Schnitzen Sie nun ein Dreieck in Form eines Kuchenstücks von der Holzkante bis zu dem Loch. Das Spitze des Dreiecks sollte dabei auf das Loch zeigen.

5. Einem **Druckstück**, etwa ein Stein mit einer Vertiefung oder ein Holzblock als Gegenstück.

6. Einem flachen Stück **Rinde** zum Auffangen der Glut.

Es erklärt sich von selbst, dass diese Methode nur funktioniert, wenn Sie zumindest ein scharfes Messer bei sich tragen. Beim Üben zu Hause fällt es sicher leichter, erst einmal zusätzlich auch eine Säge und eine Axt zu verwenden.

Um nun mit Ihrem fertigen Feuerbohr-Set eine Glut zu erzeugen, bedarf es etwas Übung. Legen Sie Ihren Zunder bereit und suchen Sie sich einen ebenen Untergrund mit wenig Durchzug. Legen Sie das Brett vor sich auf den Boden, darunter die Rinde oder ein großes Blatt. Spannen Sie die Spindel in die Sehne ein, indem Sie sie einmal in die Schnur eindrehen. Dann kann es losgehen. Wichtig ist jetzt die richtige Körperhaltung.

Stellen Sie einen Fuß auf das Brett, möglichst nahe an Ihr Bohrloch und die dreieckige Kerbe. Gehen Sie mit dem anderen Bein auf ein Knie. Setzen Sie die Spindel mit der abgerundeten Seite in das Loch, das Druckstück oben auf die Spindel. Mit der linken Hand umfassen Sie nun das Druckstück und halten es gerade.

Der Bogen sollte nun waagerecht zum Brett sein. Halten Sie ihn stabil, damit er nicht wackelt. Die Sehne sollte zu Ihrem aufgestellten Bein zeigen. Nun können Sie anfangen, zu bohren. Ziehen Sie dafür den Bogen gleichmäßig und parallel zum Boden hin und her. Ihr aufgestelltes Bein sorgt hierbei für Stabilität. Nutzen Sie stets die gesamte Länge des Bogens. Nach einer Weile hat sich das Loch an den Bohrer angepasst. Nun können Sie mehr mit Ihrer linken Hand Druck ausüben. Bohren Sie so lange, bis es ordentlich qualmt. Lassen Sie sich nicht entmutigen! Das kann einige Zeit dauern. Versuchen Sie, den Druck zu halten, auch wenn Ihre Arme ermüden. Wenn es anfängt zu qualmen, geben Sie noch mal alles! Bohren Sie, so schnell Sie können.

Durch die Reibungshitze entsteht glühender Holzstaub. Legen Sie den Bohrer beiseite. Durch die dreieckige Kerbe sollte nun qualmender Abrieb auf die Rinde darunter gerieselt sein. Legen Sie diese Glut vorsichtig in Ihr Zundernest und blasen Sie es so lange an, bis eine Flamme entsteht.

Diese Technik ist eine der anstrengendsten Techniken. Seien Sie deshalb nicht frustriert, wenn es beim Üben nicht auf Anhieb funktioniert.

JONAS SANDERSFELD

Der Hunger ruft: Kochen ohne feuerfestes Geschirr

BACKEN MIT LEHM

Nun waren Sie den ganzen Tag auf den Beinen, sind durch den Wald geirrt, waren Kälte und möglicherweise Nässe ausgesetzt, haben mit viel Kraft und Mühe Ihr Feuer entfacht und merken, wie Ihre Energie schwindet. Eine schöne warme Mahlzeit, das wäre jetzt was. Doch wie das Essen erwärmen, denn Töpfe und Teller haben Sie für Ihre ursprünglich geplante Tageswanderung nicht eingepackt?

Eine Möglichkeit ist das Backen mit Lehm. Lehmhaltige Böden kommen in Deutschland fast überall vor, am ehesten aber in Baugruben, Bach- und Flussbetten, an Seeufern oder in Bodensenken mit hoher Feuchtigkeit.

Am besten bestimmen können Sie den Boden, wenn es kurz zuvor geregnet hat. Nehmen Sie eine Handvoll des gefundenen Materials auf und formen Sie daraus eine Kugel, aus der Kugel rollen Sie eine Wurst. Zerfällt oder reißt der Lehm, hat er einen hohen Sandanteil und ist ungeeignet. Graben Sie in diesem Fall etwas tiefer an Ihrer Fundstelle. Fühlt die Wurst sich glatt und klebrig an, ist er perfekt.

Wickeln Sie nun Ihr Essen, das Sie erhitzen möchten, in Blätter ein. Achtung! Achten Sie darauf, dass es sich um ungiftige Pflanzen handelt. Hier gibt es leider keine eindeutigen Erkennungsmerkmale zwischen giftigen und ungiftigen Pflanzen. Sie sollten sich also ein wenig auskennen. Essbare Pflanzen sind zum Beispiel Sauerampfer, Löwenzahn, wilde Möhre, Brennnesseln, Taubnesseln, Giersch, Spitzwegerich, Breitwegerich, Maulbeerblätter oder wilder Spargel.

> **VERWENDEN SIE NIEMALS BLÄTTER, BEI DE- NEN SIE SICH NICHT SICHER SIND, OB SIE GIF- TIG SIND ODER NICHT!**

Packen Sie Ihr Essenspaket anschließend in Lehm ein und legen Sie es in die Glut. Bedecken Sie den Lehm schließlich rundum mit Glutstücken. Nach etwa zwanzig Minuten sollte Ihr Essen gar sein. Handelt es sich bei Ihrer Nahrung um Essen, das schnell gart oder lediglich heiß werden soll, kön- nen Sie den Lehm auch weglassen und nur die Pflanzenblätter verwenden. In diesem Fall müssen Sie aber darauf achten, das Essen aus der Glut zu nehmen, bevor die Pflanzen verbrannt sind. Nut- zen Sie mehrere Pflanzenschichten übereinander, dann haben Sie etwas mehr Zeit.

KOCHEN MIT HEISSEN STEINEN

Diese Methode können Sie verwenden, um Was- ser oder Suppe zu erhitzen. Sie benötigen hierfür eine Rettungsdecke aus Ihrem Erste-Hilfe-Set. Ha- ben Sie keine dabei, eignet sich im Notfall auch eine Plastik-Einkaufstüte ohne Löcher.

Legen Sie zuerst einige Steine in Ihr Feuer und lassen Sie sie erhitzen. In der Zwischenzeit haben Sie eine kleine Grube aus und entfernen Sie spitze Steine und Ästchen, die sich in Ihre Rettungsdecke bohren könnten.

Breiten Sie nun die Rettungsdecke in der Grube aus und beschweren Sie den Rand mit Steinen. Achten Sie darauf, dass die Decke nicht zu sehr gespannt wird. Füllen Sie nun Wasser in die Kuhle in der Mitte. Sobald die Steine heiß sind, nehmen Sie sie mithilfe von Ästen aus der Glut und legen Sie sie in das Wasser. Lassen Sie sie eine Weile im Wasser und tauschen Sie nach ein paar Minuten gegen neue heiße Steine aus dem Feuer aus. Wiederholen Sie den Vorgang so lange, bis das Wasser die gewünschte Hitze erreicht hat.

Erschöpfung macht sich breit: Übernachten ohne Zelt und Schlafsack

GEEIGNETEN LAGER- /RAST-PLATZ FINDEN

Jetzt ist es also passiert. Die Nacht ist hereinge-brochen, die Aussicht, den Weg heute noch wiederzufinden, schwindend gering. Also haben Sie sich entscheiden, die Nacht in der Natur zu verbringen.

Aber obwohl Ihnen klar ist, dass es die vernünftigste Entscheidung ist, schleichen sich Zweifel ein. Das wird doch bestimmt total nass und ungemütlich werden. Und ... lauern da nicht überall gefährliche Tiere? Da hat es doch zwischen den Bäumen geknackt, oder nicht? Und dort ... war das das Heulen eines Wolfes?

So ergeht es jedem, der zum ersten Mal in freier Natur übernachtet. Nachts klingen alle Geräusche lauter. Schatten sehen plötzlich viel bedrohlicher aus und Bäume, deren Äste sich im Wind bewegen, werden plötzlich zu gespenstischen Lebewesen, harmlose Glühwürmchen zu glühenden Augen in der Dunkelheit, der Wind zu einer wispernden Stimme, die um unser Lager schleicht.

Zunächst einmal: Das Schlafen im Wald ist nur halb so gefährlich, wie es vielleicht auf den ersten Blick erscheinen mag. Befinden Sie sich in Europa, ist die Gefahr von lauernden Tieren verschwindend gering. Die meisten Tiere in unseren europäischen Wäldern sind sehr scheu und fürchten sich vor dem Menschen mehr als wir uns vor ihnen. Manchmal kann es sein, dass ein Tier sich in die Nähe Ihres Lagers verirrt und Sie sich gegenseitig erschrecken. In den meisten Fällen jedoch werden die Tiere Sie frühzeitig hören, sehen oder riechen und Ihnen großflächig ausweichen.

Gegen alle anderen Gefahren wie Kälte oder Nässe hilft die richtige Vorbereitung sowie eine kluge Auswahl des richtigen Schlafplatzes. Am besten wählen Sie diesen Platz aus, solange Sie noch genug Tageslicht haben, denn wie bereits erwähnt, wird es im Wald nachts sehr, sehr dunkel und haben Sie nicht zufällig eine Taschenlampe bei sich, wird jegliche Orientierung sehr, sehr schwierig.

Bei der Wahl Ihres Platzes für die Nacht sollten Sie darauf achten, dass Ihre ausgewählte Stelle möglichst geschützt liegt. Mit anderen Worten, es sollte nicht der Wind hindurchwehen und die Stelle sollte möglichst trocken sein. Achten Sie auf ausreichenden Abstand zu Gewässern und auch darauf, ob sich ein Wildwechsel in der Nähe befindet oder gar Ihren Schlafplatz kreuzt. Schauen Sie auch, dass Sie nicht ausgerechnet eine Stelle mit einem Ameisenhügel oder anderen Insekten ausgewählt haben. Entfernen Sie nun Steine und große Äste, die sich Ihnen beim Schlafen in den Rücken bohren können, sowie Brennnesseln und anderes piksendes oder unangenehmes Gestrüpp. Gräser und Moos können Ihr Nachtlager bequemer machen. Auf einem solchen Lager können Sie bereits unter freiem Himmel schlafen.

Entscheiden Sie sich für diese Möglichkeit, überlegen Sie sich schon im Vorfeld, was Sie im Falle eines plötzlichen Regeneinbruchs tun werden. Halten Sie am besten schon vor dem Schlafengehen Ausschau nach möglichen Plätzen zum Unterstellen oder bauen Sie sich ein provisorisches Dach aus Blättern und Moos. Schlafen Sie außerdem am besten direkt in Ihrer Kleidung, damit Sie sie im Notfall nicht erst im Dunkeln suchen müssen. Halten Sie außerdem Ordnung, sodass Ihr Hab und Gut schnell griffbereit ist.

Ist der Boden sehr feucht, empfiehlt es sich, ihren Rucksack in den Baum zu hängen. Hier ist er außerdem besser geschützt vor Ameisen oder Mäusen. Ist es jedoch sehr kalt oder möchten Sie es etwas geschützter, können Sie sich zusätzlich eine Laubhütte errichten.

LAUBHÜTTE BAUEN

Die Laubhütte hilft Ihnen bei niedrigen Temperaturen, in der Natur nicht auszukühlen. Sie ist hierbei eher als Ersatz für den Schlafsack als für eine Hütte zu betrachten.

Was viele nicht wissen: Laub ist eine fantastische Isolationsschicht und hält hervorragend warm. Drohen Sie, bei Ihrer Wanderung auszukühlen, und haben Sie keine wärmere Kleidung dabei, kann es deshalb häufig bereits helfen, sich Laub unter die Kleidung zu stecken.

In unserem Fall wollen wir unsere Hütte komplett mit Laub bedecken, auskleiden und auch bis zum Rand damit auffüllen. Es empfiehlt sich also, einen Schlafplatz mit sehr vielen Laubbäumen auszuwählen.

Eine Laubhütte zu errichten, braucht ein wenig Zeit. Zwei bis drei Stunden sollten Sie mindestens dafür einplanen. Sie sollten sich also schon früh darüber im Klaren sein, dass Sie die Nacht im Freien verbringen werden. Prüfen Sie, bevor Sie mit dem Bauen beginnen, die Wetterrichtung. Dies ist die Richtung, aus der für gewöhnlich der Wind und im schlimmsten Fall der Regen und die

Kälte kommen. Wie bereits im Kapitel „*Verloren in der Wildnis: Navigation ohne Kompass*" erklärt, erkennen Sie die Wetterrichtung anhand der feuchteren Seite und des Mooses an den Bäumen. Der Eingang Ihrer Laubhütte wird **entgegen** der Windrichtung sein.

Suchen Sie sich nun einen sehr langen Ast. Er sollte etwa einen halben Meter länger als Ihre Körpergröße und etwa so dick wie Ihr Unterarm sein. Dies wird Ihre Firststange. Ein zweiter Ast, der Ihnen etwa bis zum Schritt geht, wird diesen Ast stützen. Er sollte in einer Astgabel enden. Legen Sie den langen Ast nun mit dem einen Ende möglichst auf einen Baumstumpf oder eine andere Erhebung, das zweite Ende in die aufgestellte Astgabel. Suchen Sie nun viele daumendicke Äste und Zweige, die Sie von außen gegen Ihr Gerüst lehnen, sodass eine dreieckige Hütte entsteht. Nun brauchen Sie viel Laub. Bedecken Sie das Dach vollständig mit Laub, bis von den Ästen nicht mehr viel zu sehen ist. Sie können hier zusätzlich mit Rinde, Laub und Moos nachhelfen. Füllen Sie anschließend den Innenraum mit Laub. Es sollte so viel Laub sein, dass Sie sich am Ende nur mit Müh und Not „hineinbohren" können. Das Laub wird Ihnen so viel Wärme spenden, dass Sie theoretisch sogar nackt in Ihrer Laubhütte übernachten können.

Sind Sie mit mehreren Personen unterwegs, braucht jede Person eine eigene Laubhütte. Die Laubhütte bietet nämlich lediglich Platz für einen allein.

SCHNÜRE AUS PFLANZENFASERN

Manchmal kann es bei Ihrer Outdoor-Übernachtung nützlich sein, auf Seile oder Schnüre zurückgreifen zu können. Vor allem dann, wenn Sie zum Beispiel Ihren Rucksack in die Bäume, Ihre Kleidung zum Trocknen vor das Feuer hängen oder eine Plane oder Ähnliches gegen den Wind aufspannen möchten. Haben Sie keine Schnur eingepackt oder gerade kein Band zur Hand, können Sie es ganz einfach selbst aus Pflanzenfasern herstellen. Am besten eignen sich hierfür Brennnesseln. Ihre Fasern wurden schon von unseren Vorfahren für die Herstellung von Schnüren verwendet. Brennnesseln finden Sie für gewöhnlich an Waldrändern, an Flussufern oder Schuttplätzen. Suchen Sie nach langen, unverzweigten Brennnesseln und achten Sie darauf, sie von unten nach oben streichend zu pflücken. So tun Sie sich nicht weh. Die Brennhaare brennen nämlich nur in die andere Richtung. Streifen Sie auf die gleiche Art und Weise die Blätter ab. Lösen Sie mit einem Messer die Fasern von den Stängeln – Sie können vorher mit einem Stein oder einem Stück Holz an dem Stängel entlang klopfen, dann lösen sich die Fasern besser – und lassen Sie sie trocknen. Ist es noch hell, legen Sie sie dafür in die Sonne.

Sind die Fasern getrocknet, nehmen Sie sich zwei schöne, lange und stabil wirkende Stränge. Knoten Sie sie am oberen Ende zusammen. Halten Sie sie nun fest zwischen Daumen und Zeigefinger. Wem das zu viel Koordination ist, der kann sie auch irgendwo festbinden. Drehen Sie nun die beiden Faser nach rechts ein.

Legen Sie die nun verzwirbelten Stränge übereinander, sodass der eine vor dem anderen liegt, und drehen Sie sie weiter ein. So verfahren Sie, bis Sie ans Ende der Fasern gelangen. Eindrehen, übereinanderschlagen, Eindrehen, übereinanderschlagen und so weiter. Möchten Sie die Schnur etwas dicker haben, können Sie mehrere Pflanzenfasern eindrehen.

JONAS SANDERSFELD

Alle Reserven aufgebraucht: Wasser finden und reinigen

WO UND WIE FINDE ICH WASSER?

Die Nacht ist überstanden, der nächste Tag bricht an, doch – oh Schreck – Sie stellen fest, Sie haben all Ihr Wasser fürs Kochen und zum Löschen des Feuers verwendet. Nun ist nichts mehr übrig für den Rückweg.

Was nun? Wie sollen Sie ohne Wasser den Tag überstehen, erst recht, wenn es ein sonnig heißer Sommertag wird? Kein Grund, in Panik zu verfallen!

Grundsätzlich kann der Mensch drei Tage ohne Wasser überleben. Dennoch ist natürlich sinnvoll, rechtzeitig neues Wasser zu suchen. Wenn Sie nun losgehen, achten Sie bereits darauf, ein paar wichtige Tipps zu beherzigen, um eine frühzeitige Dehydrierung zu vermeiden. Ist es schon früh morgens warm, tragen Sie nur leichte und lockere Kleidung, den Rest verstauen Sie in Ihrem Wanderrucksack. Nehmen Sie außerdem möglichst keine Nahrung auf, die Sie noch durstiger macht, wie etwa stark Gesalzenes, Fleisch und so weiter.

Wenn es sich vermeiden lässt, essen Sie am besten gar nichts, bis Sie wieder Wasser zur Verfügung haben, denn die Verdauung benötigt Flüssigkeit. Versuchen Sie, während Ihres weiteren Weges mit geschlossenem Mund zu atmen. Hierdurch vermeiden Sie einen zusätzlichen Wasserverlust durch Verdunstung. Wenn Sie Kaugummi dabei haben, kauen Sie darauf herum, wenn nicht, können Sie auch ein Stück Gummi oder Harz verwenden. Dies hält die Speichelproduktion in Gang. Ganz wichtig auch: Egal, wie durstig Sie sind, trinken Sie niemals Salzwasser! Es wird Ihrem Körper nur noch mehr Flüssigkeit entziehen.

Was Sie allerdings zu sich nehmen dürfen, ist Schnee. Wenn Sie sich in einem Gebirge befinden und auf Schnee stoßen, ist dies eine gute Möglichkeit, Ihren Durst zu stillen. Hierbei sollten Sie allerdings ein Feuer entfachen und, wie unter dem Punkt *„Kochen mit heißen Steinen"* beschrieben, den Schnee erhitzen und zum Schmelzen bringen. Den Schnee einfach zu essen, würde Ihnen unnötig Wärme und Energie entziehen, die Sie gerade in kalten Gegenden dringend benötigen. Außerdem nimmt Ihr Körper durch das Trinken sehr viel mehr von der Flüssigkeit auch tatsächlich auf. Bei Schnee sollten Sie allerdings bedenken, dass es sich hierbei um destilliertes Wasser handelt. Für eine optimale Energieaufnahme sollten Sie ihm deshalb Mineralien hinzufügen.

Nutzen Sie ihn für einen Tee oder eine Suppe, brauchen Sie sich keine Sorgen zu machen. Haben Sie beides nicht dabei, geben Sie einfach ein wenig Erde hinzu. In der Erde sind genügend Mineralien vorhanden, die das Wasser aufnimmt. Auch etwas zerriebene Asche im Wasser ist ein wahres Wundermittel. Sie führt Ihrem Körper Elektrolyte hinzu. Elektrolyte sind Salze, die Ihr Körper gerade bei großer Anstrengung dringend benötigt. Viele Wanderer vergessen, dass nicht nur Flüssigkeit wichtig ist, sondern auch jene Salze. Und keine Sorge: Ein wenig Erde oder Asche wird Ihr Magen problemlos vertragen. Anders als mit Schnee verhält es sich mit Raureif oder Eis. Beides können Sie gefahrlos trinken, sobald es getaut ist.

Schnee werden Sie allerdings vermutlich nur in den seltensten Fällen finden. Wie können Sie also zu allen anderen Jahreszeiten an Wasser kommen? Zuallererst können wir unser Wissen anwenden, das wir schon in dem Kapitel „*Verloren in der Wildnis: Navigation ohne Kompass*" erworben haben und immer weiter abwärts laufen. Gerade in bergigem Gebiet sammeln sich Flüsse oftmals in den Tälern. Auch ein ausgetrocknetes Flussbett kann uns bereits weiterhelfen. Auch wenn hier oberflächlich längst kein Wasser mehr fließt, bedeutet es nicht, dass es keines mehr gibt. Oft befindet es sich bloß woanders. Nehmen Sie sich einen stabilen Stock und graben Sie damit ein wenig in der Erde. Wenn Sie sich unsicher sind, an welcher Stelle Sie graben sollen, halten Sie nach saftig grünen Pflanzen Ausschau. Sie sehen oft deshalb so grün aus, weil sie Wasser aus der Erde beziehen. Wenn Sie nur lange genug graben, ist die Wahrscheinlichkeit hoch, dass Sie irgendwann auf Wasser stoßen werden.

Auch eine andere Methode, auf Wasser zu stoßen, haben wir bereits kennengelernt. Folgen Sie den Pfaden der Tiere. Ihre Wildwechsel werden Sie früher oder später zu einer Wasserstelle führen. Auch anhand ihrer Losung lässt sich manchmal die Spur der Wildtiere zurückverfolgen. Losung, die Sie in einem ausgetrockneten Flussbett finden, lässt darauf schließen, dass irgendwo noch Wasser austritt.

Auch Tiere, an die wir vielleicht nicht sofort denken, können uns weiterhelfen, wenn wir sie sehen, wie etwa Libellen. Wo sie auftauchen, ist das Wasser maximal dreihundert Meter entfernt! Bei Bienen sind es vier Kilometer. Ein Reiher lässt darauf schließen, dass sich Wasser in unmittelbarer Umgebung befinden muss, denn sie fressen die Tiere, die in dem Wasser leben.

Aber auch die Beschaffenheit unserer Umgebung kann uns wertvolle Hinweise liefern. Wir wissen bereits, dass es immer eine bestimmte Richtung gibt, aus der der Regen kommt. Wissen Sie noch, wie man diese Richtung bestimmt? Richtig, durch das Moos an den Bäumen. Halten Sie nach Felsformationen Ausschau und suchen Sie hier nach der Wetterseite. An dieser Seite wird sich das meiste Wasser sammeln, denn es ist die Seite, auf die unablässig der Regen trifft. Wenn in den letzten Tagen kaum die Sonne geschienen hat, haben Sie vielleicht Glück und es sind einige Lachen zurückgeblieben. Sie sammeln sich besonders in Vertiefungen oder Aushöhlungen im Fels. Oft quellen sie auch aus Felsritzen und lassen sich mithilfe eines Blattes in eine Wasserflasche umleiten.

Oft sammeln sich solche Lachen auch in den langen Blättern von Pflanzen oder in Baumlöchern. Auch Tauwasser lässt sich beispielsweise gut trinken. Saugen Sie es einfach mit einem T-Shirt oder einem anderen Stück Stoff auf und wringen Sie es über Ihrer Wasserflasche aus.

Wie sieht es aber mit Regenwasser aus? Oft hört man, dass man Regenwasser lieber nicht trinken sollte. Das ist im Alltag richtig. Wenn es um Ihr Überleben geht, dürfen Sie es aber getrost zu sich nehmen. Ähnlich wie Schnee handelt es sich auch bei dem Regen theoretisch um destilliertes Wasser. Auf seinem Weg von der Wolke bis zum Boden nimmt es jedoch so viele Stoffe auf, dass es quasi kaum noch als solches bezeichnet werden kann. Allerdings beinhaltet es nun auch eine Menge Staub, Asche, Pollen und giftige Substanzen.

Wenn Sie die Gelegenheit haben, ist es also immer besser, das Regenwasser vor dem Genuss abzukochen.

Stoßen Sie nun tatsächlich auf eine Quelle, einen Bach, einen See oder einen Fluss, stehen Sie vor der nächsten Frage. Kann ich dieses Wasser einfach so trinken? Grundsätzlich gilt: Fließendes Wasser ist immer besser als stehendes. Ein Fluss ist also in den meisten Fällen sauberer als ein See.

Höchstwahrscheinlich werden Sie jedoch nicht die Möglichkeit haben, sich zwischen einem von beiden zu entscheiden, sondern werden froh sein, überhaupt Wasser gefunden zu haben. Eine zweite wichtige Grundregel lautet: Betrachten Sie jedes Wasser als verschmutzt, auch wenn es Ihnen noch so klar erscheint. Kochen Sie es stets mindestens ab, besser noch ist aber ein Wasserfilter.

Wasserfilter kann man fertig im Outdoorshop kaufen. In einer Überlebenssituation in der Wildnis lässt er sich aber auch ganz einfach selbst bauen.

WIE BAUE ICH EINEN FILTER?

Haben Sie eine PET-Flasche dabei, haben Sie schon einmal perfekte Voraussetzungen, um sich schnell und unkompliziert einen eigenen Filter zu bauen. Zusätzlich brauchen Sie ein Stück Stoff. Sie können dafür einfach eines Ihrer T-Shirts verwenden. Schneiden Sie die Flasche auf, sodass Sie den Boden entfernen können. Drehen Sie sie auf den Kopf und stecken Sie Ihr T-Shirt ganz unten in die Flasche. Der Stoff wird die allerkleinsten Dreckpartikel abfangen, sollte aber das Wasser noch durchlassen. Jetzt ist es gut, wenn Sie von Ihrem Lagerfeuer aus der letzten Nacht ein paar Kohlestücke aufgehoben haben. Wenn nicht, ist das auch nicht schlimm. Die Kohle filtert in unserem Fall vor allem unerwünschte Geschmacksstoffe und macht Ihr Wasser lecker. Sie nicht zu haben, macht es jedoch nicht weniger sauber. Nun streuen Sie Sand oder feine Erde über die Kohle.

Darauf Kiesel, dann gröbere Steine und zum Schluss die großen. Gießen Sie nun von oben das zu filternde Wasser durch Ihren selbst gebauten Filter. Es sollte nun etwa ein Tropfen pro Sekunde durchlaufen. Natürlich ist das Ganze nur sehr provisorisch und nach einigen Durchläufen sollten Sie die Materialien austauschen.

Etwas simpler, aber dafür weniger aufwendig, ist ein Filter aus einem Strumpf oder einer Socke. Füllen Sie ihn mit Sand und feinem Kies und kleiden Sie ihn mit Klopapier oder Taschentüchern aus. Wenn Sie nun Wasser hindurchlaufen lassen, werden Schwebestoffe und Schmutzteilchen aus dem Wasser entfernt. Aber Achtung!

Gegen Viren und Bakterien helfen diese provisorischen Filter nicht. Die beseitigen Sie nur durch das Abkochen des Wassers.

Den Abhang übersehen: Erste Hilfe mit Naturmaterialien

DIE STOP-REGEL

Einen Moment nicht hingeschaut und schon ist es passiert – auch das noch! Jetzt sind Sie auch noch gestürzt und haben sich böse verletzt. Kein Krankenwagen, keine Notrufzentrale ist in Sicht. Was nun?

Zuerst einmal gilt es auch jetzt, Ruhe zu bewahren. Im Survival gibt es für Extremsituationen eine Regel, die Ihnen hilft, einen klaren Kopf zu behalten, um dann eine der Situation angemessene Lösung zu finden. Es handelt sich hierbei um die sogenannte STOP-Regel. STOP steht hierbei für …

S – Sit down – Setzen Sie sich hin
T – Think – Denken Sie nach
O – Observe – Beobachten Sie
P – Plan – Planen Sie

Gemeint ist damit, dass Sie gerade dann, wenn Ihnen etwas Schlimmes passiert ist, wenn Sie unter Adrenalin stehen und das Gefühl haben, sofort handeln zu wollen, genau dies erst einmal nicht tun sollten. Halten Sie immer erst einmal inne. Atmen Sie tief ein, bringen Sie Ihr Inneres zur Ruhe. Sobald Ihre Hände aufhören zu zittern und Ihr Herzschlag sich beruhigt, machen Sie sich Gedanken. Überlegen Sie in Ruhe und ohne Hektik, was zu tun ist. Um welche Art der Verletzung handelt es sich? Wie schwerwiegend ist die Verletzung? Wie kann ich sie erst einmal behelfsmäßig behandeln? Bestehen nach wie vor Gefahren, die es einzudämmen gilt?

Ordnen Sie Ihre Prioritäten! Können Sie ein Notsignal absenden? Ist es erforderlich, ein Nachtlager aufzuschlagen? Überblicken Sie die Umgebung und halten Sie nach weiteren Anzeichen von Gefahr, aber auch nach möglichen Rettungspunkten Ausschau. Erst, nachdem Sie all diese Punkte beherzigt haben, erstellen Sie einen Plan, wie Sie weiter vorgehen.

PFLANZEN UND HAUSMITTEL ALS HELFER IN DER NOT

Zum Glück können Sie sowohl bei großen als auch bei kleinen Verletzungen auf die Hilfe der Natur zählen.

Zuallererst gilt es, festzustellen, um welche Art der Verletzung es sich handelt. Handelt es sich um eine Schürfwunde, sollten Sie zuerst einmal die Blutung stillen. In der Natur gibt es eine ganze Anzahl blutstillender Pflanzen, nachfolgend nur einige Beispiele:

Ackerschachtelhalm, Apfelbaum, Berufkraut, Blutweiderich, Blutwurz, Brennnessel, Eberesche, Essigrosen, Feldthymian, Hasel, Heidelbeere, Hirtentäschelkraut, Schwarze Johannisbeere, Mais,

Orangenbaum, Ruprechtskraut, Schafgarbe, Silberweide, Taubnessel, Vogelknöterich, Wasserpfeffer,

Weinrebe, Wiesenknopf, Zitronenbaum.

Am besten geeignet und am weitesten verbreitet ist hier jedoch der Spitzwegerich. Sie erkennen ihn an seinen langen, schmalen Blättern, die entfernt an Lanzen erinnern, und seinen weißbraunen Blüten. Für gewöhnlich wächst er an Wegrändern oder auf grünen Wiesen. Aus seinen Blättern lässt sich ein Saft pressen, den Sie einfach über die Wunde träufeln. Der Spitzwegerich stillt die Blutung und desinfiziert gleichzeitig die Wunde.

Womit wir direkt beim nächsten großen Punkt wären: der Wunddesinfektion.

Hierfür gibt es in der Wildnis ebenfalls unterschiedliche Methoden und Möglichkeiten. Die bekannteste ist wohl Alkohol. Korn, Whisky, Wodka und andere Spirituosen mit einem Alkoholgehalt ab mindestens 38 Prozent und ohne Zusätze sind eine gute Möglichkeit, falls Sie so etwas bei sich haben.

Auch Salzwasser desinfiziert, hat aber den Nachteil, dass Sie es in jedem Fall abkochen sollten, um zu vermeiden, dass Keime in die Wunde gelangen.

Zwiebeln und Knoblauch bieten ebenfalls eine super Desinfektion bei blutenden Wunden. Der Saft der Zwiebel enthält Schwefelverbindungen, die zusätzlich den Schmerz lindern. Den Knoblauch können Sie zerstampfen und als Brei auf die Wunde geben.

Möchten Sie lieber bei den Pflanzen bleiben, empfehle ich Ihnen Bärlauch. Leider wächst Bärlauch in unseren Breitengraden nur bis Ende Mai. Bis dahin ist er aber perfekt geeignet, denn der Wirkstoff in seinen Blättern hat eine antibiotische Wirkung, zerstampfen Sie sie einfach zu einem Brei und geben Sie sie auf die Wunde.

Genauso gut funktioniert Aloe Vera. Die Aloe-Vera-Pflanze wird vierzig bis fünfzig Zentimeter hoch, hat eine graugrüne Farbe mit einem oftmals leicht rötlichem Stich, bildet orangefarbene oder gelbe Blüten und wächst in dichten Rosetten. Die Aloe Vera braucht warme und vollsonnige Standorte. Sie werden Sie also am ehesten finden, wenn Sie in einem südlichen Land unterwegs sind, wie etwa im Süden der USA, in Mexiko, in der Karibik, in Afrika, Spanien, auf den Kanarischen Inseln oder in Indien. Dafür dort jedoch das ganze Jahr über. Der Saft, der aus den Blättern austritt, wenn Sie sie aufschneiden, wirkt antibakteriell, kühlend, beruhigend, entzündungshemmend. Sie können ihn direkt auf die Wunde auftragen, aber auch bei Sonnenbrand, Verbrennungen und Insektenstichen verwenden.

Handelt es sich um eine Verletzung, wie etwa eine Prellung, Zerrung, Verrenkung oder blaue Flecken, gibt es eine andere hilfreiche Pflanze – die Arnika. Sie wird bis zu sechzig Zentimeter hoch und hat leuchtend gelbe Röhrenblüten. Ebendiese Blüten enthalten Inhaltsstoffe, die entzündungshemmend, juckreizlindernd, schmerzlindernd, durchblutungsfördernd und antibakteriell wirken.

Vermuten Sie einen Bruch, fertigen Sie sich aus einem T-Shirt oder einem anderen Teil Ihrer Outdoor-Kleidung eine Schlinge und knoten Sie diese um den Hals. Einen Arm können Sie dann hineinlegen, um ihn zu stabilisieren. Bei einem Beinbruch binden Sie das verletzte Bein zum Stabilisieren an das gesunde. Wissen Sie es nicht genau, versuchen Sie, den Verletzten nach

Möglichkeit nicht zu bewegen und eine Rettung zu organisieren.

Manchmal muss es jedoch gar nicht der große Unfall sein. Auch die kleinen Wunden können uns auf Wanderungen das Leben schwer machen, wie etwa Blasen an den Füßen. Hier hilft ein Verwandter des Spitzwegerich, den wir weiter oben schon kennengelernt haben: der Breitwegerich. Seine Blätter passen genau um die menschliche Ferse. Stecken Sie sich ein Blatt davon in die Socke. Mit der Oberseite sollte es die schmerzende Stelle berühren und ziehen Sie die Schuhe wieder an. Der Breitwegerich wird die Schmerzen lindern und Ihren Füßen beim Heilen helfen.

Jetzt sind Sie jedoch weit ab jeglicher Zivilisation, haben keinen Alkohol, kein Salz und keine Zwiebeln zur Hand und von Pflanzen haben Sie nicht wirklich Ahnung. Dann können Sie auch einfach den eigenen Speichel verwenden. Wichtig ist, dass es tatsächlich der eigene ist, damit keine fremden Keime in Ihre Wunde gelangen. Auch Ihr Speichel wirkt antiseptisch.

Auch, wenn es eklig klingt: Eine weitere gute Möglichkeit ist der eigene Urin. Er ist nicht hundertprozentig steril, aber manchmal sauberer als das Wasser, das Sie unterwegs finden werden. Tränken Sie ein Tuch damit und verbinden Sie damit Ihre Wunde.

DAS ALPINE NOTSIGNAL

Jede und jeder, der sich in der Natur bewegt, sollte für den Notfall das alpine Notsignal kennen.

Selbstverständlich ergibt dieses Signal nur Sinn, wenn es auch jemand mitbekommt. Manchmal aber kann dieses Signal über eine größere Entfernung wahrgenommen werden, als Sie glauben, und oftmals sind doch irgendwo Menschen unterwegs, wo Sie es nicht vermutet hätten. Das alpine Notsignal besteht aus sechs kurzen Signalen in schneller Folge. Dies können akustische Signale, wie etwa Rufe oder Pfiffe, sein oder visuelle Zeichen mit der Taschenlampe, einem Spiegel oder dem Schwenken einer Jacke oder eines Stückchen Stoffes.

Wichtig ist, machen Sie auf sich aufmerksam! Machen Sie dann eine Minute Pause und wiederholen Sie die Signale. Wenn jemand diese erkennt, wird er Ihnen antworten, und zwar mit drei deutlichen Zeichen hintereinander. Führen Sie Ihre

Signale dennoch so lange fort, bis die Retter bei Ihnen eingetroffen sind.

63

JONAS SANDERSFELD

Heile zu Hause angekommen: Siebzehn abschließende Tipps

Nun ist es geschafft! Sie haben alle Tipps beherzigt und sind sicher und vielleicht mit der einen oder anderen Schramme, aber dafür um einiges reicher an Erfahrung wieder in Ihrem Zuhause angekommen. Jetzt können Sie sich entspannt zurücklehnen, die Tour Revue passieren lassen und noch einmal ein paar letzte Tipps und Hinweise durchlesen, die Ihnen bei all Ihren weiteren Abenteuern behilflich sein werden.

1. Auch, wenn Sie nun all diese Dinge gelesen und vielleicht auch schon einige Erfahrungen gesammelt haben und am liebsten direkt loslegen möchten, beherzigen Sie bitte: Probieren Sie stets nur aus, womit Sie sich sicher fühlen. In einer echten Notsituation haben Sie natürlich keine Wahl. Beim Üben zu Hause holen Sie sich notfalls jemanden dazu und sorgen Sie dafür, dass alle erforderlichen Sicherheitsmaßnahmen getroffen wurden, bevor Sie beginnen.

2. Bevor Sie dann zu Ihrer nächsten Wanderung oder Ihrem nächsten Outdoor-Erlebnis aufbrechen, informieren Sie stets einen Freund, Verwandten oder Bekannten über Ihre geplante Tour und auch über Ihr voraussichtliches Rückkehrdatum!

3. Bereiten Sie sich stets gut vor und informieren Sie sich über die richtige Ausrüstung, um für den Notfall gewappnet zu sein! Packen Sie Ihren Rucksack nach dem Prinzip „Was brauche ich wann?"

4. Sind Sie erst einmal im Wald, machen Sie sich stets bemerkbar! Sie sind nicht auf der Jagd und möchten von Tieren wie etwa Wildschweinen rechtzeitig wahrgenommen werden, bevor Sie Ihnen überraschend über den Weg laufen. Auch wenn Sie den Weg verloren haben, werden Sie so am ehesten gefunden.

5. Sorgen Sie stets für Wärme! Unterkühlung ist eine der häufigsten Todesursachen bei ungeplanten und geplanten Ausflügen in die Wildnis. Vor allem deshalb, weil sie leicht unterschätzt wird. Zusätzlich zu Feuer und warmer Kleidung sind hier zum Beispiel Ingwer im Tee oder scharfe Gewürze im Essen ein echter Geheimtipp. Sie kurbeln Ihren Stoffwechsel an und sorgen für ein wenig Extrawärme. Bedenken Sie außerdem: Zwanzig Prozent der menschlichen Wärme entweichen über den Kopf. Eine Mütze erzeugt also mehr Wärme, als Sie glauben. Gerade in der Nacht kann sie wahre Wunder bewirken.

6. Tragen Sie eher Synthetik oder Wolle als Baumwollkleidung. Diese trocknet schneller wieder. Ist Baumwolle erst einmal nass, bleibt sie es auch eine Weile und Sie kühlen schneller aus.

7. Behalten Sie Ihre wichtigste Ausrüstung nachts am Körper oder in Ihrer Kleidung. Haben Sie Feuerzeuge dabei, sollten Sie sie gerade bei Kälte auch tagsüber immer eng am Körper tragen, da sie sonst schnell nicht mehr funktionieren.

8. Haben Sie stets einen Plan B, für den Fall, dass Unvorhergesehenes geschieht, sowie bereits einen Notfall-Rückweg oder einen schnellen Unterschlupf im Kopf.

9. Nehmen Sie ein Notfalltelefon mit, das über einen lange währenden Akku verfügt.

10. Panzertape ist eine super Erfindung. Es kann Ihre Jacke flicken oder Löcher in Ihrem Rucksack reparieren. Wickeln Sie einfach ein wenig davon um Ihren Wanderstock und Sie haben es immer dabei.

11. Es gibt nichts Unangenehmeres, als in nassen Schuhen zu wandern oder gar morgens wieder in nasse Wanderschuhe steigen zu müssen. Um gerade Schuhe aus dickem Leder über Nacht wieder trocken zu bekommen, legen Sie einfach flache Steine hinein, die Sie zuvor im Feuer heiß gemacht haben. Decken Sie das Ganze gut ab und am nächsten Morgen werden Sie warme und trockene Schuhe haben.

12. Backpulver kann Ihnen aus manchen Situationen heraushelfen. Mit etwas Zimt vermischt können Sie es als Zahnpasta verwenden, nachts können Sie es in Ihre Schuhe streuen, um lästige Gerüche zu bekämpfen, und es hilft sogar gegen Insektenstiche!

13. Füllen Sie in kalten Nächten Ihre Trinkflasche mit heißem Wasser und nehmen Sie sie mit in den Schlafsack oder unter Ihre Kleidung. Sie wird Ihnen die ganze Nacht Wärme spenden.

14. Wenn Sie in der Nacht auf die Toilette oder, besser gesagt, in den Busch müssen, sollten Sie es nicht hinauszögern. Sie verlieren unnötig Energie, da der Körper sehr viel davon benötigt, um den Inhalt der Blase auf Temperatur zu halten. Ist die Blase leer, kann die Energie zum Beispiel in die Wärmeerhaltung fließen.

15. Ein Packsack hat oft feine Maschen. Nutzen Sie ihn wie ein Moskitonetz. So müssen Sie kein zusätzliches Netz mitnehmen und können platzsparender packen.

16. Stellen Sie gebrauchtes Geschirr nachts vor Ihr Zelt, Ihre Laubhütte oder Ihren Schlafplatz. Durch Tau und Regen wird es einweichen und sich morgens besser säubern lassen.

17. Geben Sie ein paar Reiskörner in Ihren Salzstreuer! Der Reis entzieht dem Salz die Flüssigkeit und sorgt dafür, dass das Salz nicht verklumpt.

Und nun legen Sie das Buch beiseite, gehen Sie hinaus in die Natur und wenden Sie Ihr soeben erlerntes Wissen an. Lernen kann man es nur durch Probieren, Probieren, Probieren. Ich wünsche Ihnen ganz viel Spaß beim Erkunden, Erforschen und Experimentieren in der Natur!

Herstellung und Verlag:
BoD – Books on Demand, Norderstedt
ISBN: 9783756218509

1. Auflage
Kontakt: Psiana eCom UG/ Berumer Str. 44/ 26844 Jemgum
Covergestaltung: Fenna Larsson
Coverfoto: depositphotos.com

FSC
www.fsc.org
MIX
Papier aus ver-
antwortungsvollen
Quellen
Paper from
responsible sources
FSC® C105338